"十二五"职业教育国家规划教材配套教学用书

经全国职业教育教材审定委员会审定

复旦卓越·数学系列

实用数学练习册（经管类）

张圣勤 孙福兴 王 星 应惠芬 许燕频／编

复旦大学出版社

内容提要

本书为复旦大学出版社出版的《实用数学》（经管类）的配套练习册.《实用数学》（经管类）一书共7章，分别介绍了函数与极限、导数与微分、导数的应用、定积分与不定积分及其应用、线性代数初步、概率论基础、数理统计初步，以及相关数学实验、数学建模、数学文化等内容.

本书可作为高职高专或者普通本科院校的高等数学课程配套教学用书.

目 录

第1章 函数与极限 ··· 1
    习题 1-1　函数——变量相依关系的数学模型 ······································· 3
    习题 1-2　函数的极限——函数变化趋势的数学模型 ······························ 5
    习题 1-3　极限的运算 ··· 7
    习题 1-4　无穷小及其比较 ··· 9
    习题 1-5　函数的连续性——函数连续变化的数学模型 ·························· 11

第2章 导数与微分 ·· 13
    习题 2-1　导数的概念——变量变化速率的数学模型 ····························· 15
    习题 2-2　导数的运算（一） ··· 17
    习题 2-3　导数的运算（二） ··· 19
    习题 2-4(1)　微分——函数变化幅度的数学模型（一） ························· 21
    习题 2-4(2)　微分——函数变化幅度的数学模型（二） ························· 23

第3章 导数的应用 ·· 25
    习题 3-1　函数的单调性与极值 ·· 27
    习题 3-2　函数的最值——函数最优化的数学模型 ································ 29
    习题 3-3　一元函数图形的描绘 ·· 31
    习题 3-4　罗必达法则——未定式计算的一般方法 ································ 33
    习题 3-5　导数在经济领域中的应用举例 ··· 35

第4章 定积分与不定积分及其应用 ··· 37
    习题 4-1　定积分——函数变化累积效应的数学模型 ···························· 39
    习题 4-2　微积分基本公式 ··· 41
    习题 4-3　不定积分与积分计算（一） ·· 43
    习题 4-4　积分计算（二）与广义积分 ·· 45
    习题 4-5　定积分的应用 ·· 47
    习题 4-6　简单常微分方程 ··· 49

第5章 线性代数初步 ·· 51
    习题 5-1　行列式 ·· 53
    习题 5-2(1)　矩阵及其运算（一） ··· 55
    习题 5-2(2)　矩阵及其运算（二） ··· 57

  习题 5-3(1) 线性方程组(一) ·· 59

  习题 5-3(2) 线性方程组(二) ·· 61

第 6 章 概率论基础 ··· 63

  习题 6-1(1) 随机事件及其概率(一) ···································· 65

  习题 6-1(2) 随机事件及其概率(二) ···································· 67

  习题 6-2(1) 随机变量及其概率分布(一) ································ 69

  习题 6-2(2) 随机变量及其概率分布(二) ································ 71

  习题 6-3 随机变量的数字特征 ·· 73

第 7 章 数理统计初步 ··· 75

  习题 7-1 数理统计的概念 ·· 77

  习题 7-2 总体参数的估计 ·· 79

  习题 7-3 总体参数的假设检验 ·· 81

  习题 7-4 一元回归分析 ·· 83

参考答案 ·· 85

第1章

函数与极限

班级_____　　学号_____　　姓名_____　　评分_____

习题 1-1　函数 —— 变量相依关系的数学模型

1. 求下列函数的定义域：

(1) $y = \dfrac{1}{x^2 + 5x + 6}$;　　　　(2) $y = \sqrt{4-x^2} + \dfrac{1}{\sqrt{x+1}}$;

(3) $y = \sqrt{|x|-1}$;　　　　(4) $y = \lg\sin x$;

(5) $y = \lg\dfrac{1+x}{1-x}$;　　　　(6) $y = \dfrac{x}{\tan x}$.

2. 将下列各题中的 y 表示为 x 的函数，并写出它们的定义域：

(1) $y = \sqrt{u}$,　$u = x^3 - 1$;　　　　(2) $y = \arcsin u$,　$u = \sqrt{x}$;

(3) $y = \lg u$,　$u = 2^v$,　$v = \cos x$;　　　　(4) $y = e^u$,　$u = v^2$,　$v = \tan x$.

3. 指出下列各复合函数的复合过程：

(1) $y = (1+x)^3$;　　　　(2) $y = \ln\sin x$;

(3) $y = \arccos\sqrt{1+x}$;　　　　(4) $y = \sin^2(2x-1)$.

4. 某小型服装厂生产某款衬衫,每日固定成本为 300 元,生产一件衬衫的可变成本为 8 元. 请写出该厂每日生产该款衬衫的总成本函数.

5. 已知某厂生产某商品采用订单式生产模式,即产量等于销量. 已知生产该商品的成本函数为 $C(Q) = 5Q + 225 (0 \leqslant Q \leqslant 300)$,收益函数为 $R(Q) = 10Q - 0.01Q^2$. 请分析产量为多少时,厂家盈亏平衡(即求保本点).

6. 已知某产品的价格为 P 元,其需求函数为 $Q = 50 - \dfrac{P}{2}$,成本函数为 $C(Q) = 50 + 2Q$,请写出相应的利润函数.

7. 某产品的销售量 Q 不超过 500t 时,每吨售价为 300 元;销售量 Q 超过 500t 时,超过部分每吨售价为 280 元,试将销售收入 R 表示为销售量 Q 的函数.

班级_____   学号_____   姓名_____   评分_____

习题1-2　函数的极限 —— 函数变化趋势的数学模型

1. 观察下列数列当 $n \to \infty$ 时的变化趋势，写出它们的极限：

(1) $x_n = \dfrac{1}{n} + 4$;

(2) $x_n = \dfrac{n}{n-2}$;

(3) $x_n = (-1)^n \dfrac{1}{n}$;

(4) $x_n = n \cdot (-1)^n$;

(5) $x_n = \sin n\pi$;

(6) $x_n = \cos n\pi$.

2. 观察并写出下列极限值：

(1) $\lim\limits_{x \to 3}\left(\dfrac{1}{3}x + 1\right)$;

(2) $\lim\limits_{x \to -\infty} 2^x$;

(3) $\lim\limits_{x \to \infty}\left(2 + \dfrac{1}{x}\right)$;

(4) $\lim\limits_{x \to 1}\dfrac{x^2 - 1}{x - 1}$;

(5) $\lim\limits_{x \to 1}\ln x$;

(6) $\lim\limits_{x \to \frac{\pi}{2}}\sin x$.

3. 讨论函数 $f(x) = \dfrac{x}{x}$ 当 $x \to 0$ 时的极限.

4. 设函数 $f(x) = \begin{cases} x-1, & x<0, \\ 0, & x=0, \\ x+1, & x>0, \end{cases}$ 画出它的图像. 求当 $x \to 0$ 时, 函数的左、右极限, 并判别当 $x \to 0$ 时函数的极限是否存在.

5. 讨论函数 $f(x) = \begin{cases} -1, & x<-1, \\ x^2, & -1 \leqslant x \leqslant 1, \\ 1, & x>1, \end{cases}$ 在 $x \to -1$ 时和 $x \to 1$ 时的极限情况.

班级_____ 学号_____ 姓名_____ 评分_____

习题 1-3 极限的运算

1. 求下列函数的极限：

(1) $\lim\limits_{x \to 0}\left(\dfrac{x^2 - 3x + 1}{x + 4} + 3\right)$;

(2) $\lim\limits_{h \to 0}\dfrac{(x+h)^2 - x^2}{h}$;

(3) $\lim\limits_{x \to 4}\dfrac{x^2 - 6x + 8}{x^2 - 5x + 4}$;

(4) $\lim\limits_{x \to +\infty}\dfrac{\sqrt{3x^2 + 1}}{x - 9}$;

(5) $\lim\limits_{x \to +\infty}\left(\sqrt{x^2 + x} - \sqrt{x^2 + 1}\right)$;

(6) $\lim\limits_{x \to \infty}\left(\dfrac{x^3}{2x^2 - 1} - \dfrac{x^2}{2x + 1}\right)$.

2. 求下列函数的极限：

(1) $\lim\limits_{x \to 0} \dfrac{\sin 3x}{(x+1)5x}$;

(2) $\lim\limits_{x \to 0} \dfrac{\arcsin x}{x}$ (令 $\arcsin x = t$);

(3) $\lim\limits_{x \to 0} \dfrac{1 - \cos 2x}{x}$;

(4) $\lim\limits_{x \to +\infty} \left(x \cdot \sin \dfrac{1}{x} \right)$;

(5) $\lim\limits_{x \to \infty} \left(1 - \dfrac{3}{4x} \right)^x$;

(6) $\lim\limits_{x \to 0} (1 + 2x)^{\frac{4}{x}}$.

班级_____　　学号_____　　姓名_____　　评分_____

习题 1-4　无穷小及其比较

1. 数列 $\{x_n\}$ 的一般项如下，问当 $n \to \infty$ 时，下列数列中哪些是无穷小？哪些是无穷大？

(1) $x_n = \dfrac{1}{2n}$;

(2) $x_n = -n$;

(3) $x_n = \dfrac{n + (-1)^n}{2}$;

(4) $x_n = \dfrac{2}{n^2 + 1}$.

2. 求下列函数的极限：

(1) $\lim\limits_{x \to \infty} \dfrac{1}{x^3 + x^2}$;

(2) $\lim\limits_{x \to \infty} \dfrac{\sin x}{x^2}$;

(3) $\lim\limits_{x \to 0} x \cos \dfrac{1}{x}$;

(4) $\lim\limits_{x \to -\infty} e^x \cos x$;

(5) $\lim\limits_{x \to 0} \dfrac{e^{2x} - 1}{3x^2 - 6x}$;

(6) $\lim\limits_{x \to 0} \dfrac{\sin 8x}{\tan 5x}$;

(7) $\lim\limits_{x \to 0} \dfrac{\ln(1 - 2x)}{\sin 3x}$;

(8) $\lim\limits_{x \to 0} \dfrac{x \arcsin 4x}{1 - \cos x}$.

3. 当 $x \to \infty$ 时，下列函数均有极限，用极限与无穷小之和将它们表示出来：

(1) $f(x) = \dfrac{x^3}{x^3-1}$；

(2) $f(x) = \dfrac{1-x^2}{1+x^2}$.

4. 证明：当 $x \to 0$ 时，$2x - x^2$ 是比 $x^2 - x^3$ 较低阶的无穷小.

5. 已知：当 $x \to 0$ 时，ax^3 与 $\tan x - \sin x$ 为等价无穷小，求 a 的值.

班级_____　　学号_____　　姓名_____　　评分_____

习题 1-5　函数的连续性 —— 函数连续变化的数学模型

1. 已知函数 $y = 3x^2 + 1$，求适合下列条件的函数的改变量：
   (1) 当 x 由 1 变到 1.1 时；
   (2) 当 x 由 1 变到 0.8 时；
   (3) 当 x 在 $x = 1$ 处有任意改变量 Δx 时.

2. 讨论函数 $f(x) = \begin{cases} 1, & x \leqslant 2, \\ x+3, & x > 2 \end{cases}$ 在 $x = 2$ 的连续性.

3. 设函数 $f(x) = \begin{cases} 2\cos x + 1, & x \leqslant 0, \\ (1+ax)^{\frac{1}{x}}, & x > 0, \end{cases}$ 且 $f(x)$ 在 $x = 0$ 处连续，求常数 a.

4. 求下列函数的间断点，并判别间断点的类型：
   (1) $y = \dfrac{1}{x-2}$；
   (2) $y = \dfrac{x^2 - 4}{x^2 + 5x + 6}$；

(3) $y = \begin{cases} x^2 + 2, & x < 0, \\ 2e^x, & 0 \leqslant x < 1, \\ 4, & x \geqslant 1. \end{cases}$

5. 求下列极限：

(1) $\lim\limits_{x \to 0} \sqrt{3x^2 + 4x + 4}$;

(2) $\lim\limits_{x \to -2} \dfrac{e^x - 1}{x}$;

(3) $\lim\limits_{x \to \frac{\pi}{4}} \dfrac{\cos(\pi - x)}{\sin 2x}$;

(4) $\lim\limits_{x \to \frac{\pi}{4}} \dfrac{\cos 2x}{\cos x - \sin x}$;

(5) $\lim\limits_{x \to 0} \dfrac{x}{\sqrt{x+4} - 2}$;

(6) $\lim\limits_{n \to \infty} e^{\frac{1}{n}}$.

第2章

导数与微分

班级_____ 学号_____ 姓名_____ 评分_____

习题 2-1 导数的概念 —— 变量变化速率的数学模型

1. 设曲线方程为 $y = f(x)$，在曲线上取两点 $P(3, f(3))$ 和 $Q(x, f(x))$.
   (1) 求割线 PQ 的斜率；(2) 写出曲线在点 P 处的切线斜率.

2. 设一物体的位移函数为 $s = f(t)$.
   (1) 求物体在 $t = a$ 到 $t = a + h$ 时间段内的平均速度；(2) 写出物体在 $t = a$ 时的瞬时速度.

3. 游泳池清洗后，重新向池中注水，池中的水量是时间 t 的函数 $W(t)$，随着时间的增加而增加. 请列式表示时刻 t 时的注水速度.（注水速度就是水量 $W(t)$ 相对于时间 t 的变化率.）

4. 根据定义计算下列导数：
   (1) $f(x) = 3x + 2$，求 $f'(1)$； (2) $f(x) = \sqrt{x-1}$，求 $f'(4)$.

5. 设 $f'(x_0) = 3$,利用导数的定义计算下列极限:

(1) $\lim\limits_{h \to 0} \dfrac{f(x_0 + 2h) - f(x_0)}{h}$;

(2) $\lim\limits_{h \to 0} \dfrac{f(x_0) - f(x_0 - h)}{h}$.

6. 设曲线方程为 $f(x) = x^3$,且已知 $f'(1) = 3$,请写出曲线在点 $x = 1$ 处的切线方程及法线方程.

7. 设曲线方程为 $y = f(x)$,且已知 $f(2) = 7$, $f'(2) = 0$,请写出曲线在点 $x = 2$ 处的切线方程及法线方程.

8. 设函数 $f(x) = \begin{cases} x, & 0 < x \leqslant 1, \\ 2x - 1, & x \geqslant 1, \end{cases}$ 讨论 $f(x)$ 在 $x = 1$ 处的连续性与可导性.

班级_____ 学号_____ 姓名_____ 评分_____

习题 2-2 导数的运算(一)

1. 计算下列函数的导数：

(1) $y = 2x^5 - \dfrac{1}{x^2} + e^3$；

(2) $y = \dfrac{x\sqrt[3]{x}}{\sqrt{x}} + \cot\dfrac{\pi}{4}$；

(3) $y = x \cdot \ln x \cdot \cos x$；

(4) $y = \dfrac{\sin x - e^x}{x^2}$；

(5) $y = (4x^3 + 2x)^{10}$；

(6) $y = \dfrac{1}{1 - x^2}$；(提示：本题可以不用商法则.)

(7) $y = \tan(x^2 + 1)$；

(8) $y = \ln(x^2(2x - 1))$；

(9) $y = e^x \sin(x^2 - 1)$;   *(10) $y = \ln(\sqrt{1+x^2} - x)$.

2. 利用除法求导法则或复合函数求导法则，验证 $(\csc x)' = -\csc x \cot x$.

3. 利用反函数求导法，验证 $(\arcsin x)' = \dfrac{1}{\sqrt{1-x^2}}$.

4. 上抛运动的位移函数 $s(t) = (1-t^2)(1+t)$，$t \in [0,1]$（位移的单位为米(m)，时间的单位为秒(s)）. 求：(1) $t = \dfrac{1}{4}$s 及 $t = \dfrac{1}{2}$s 的瞬时速度 $v\left(\dfrac{1}{4}\right)$，$v\left(\dfrac{1}{2}\right)$；(2) 质点何时达到最高点.

*5. 一个质点的运动曲线为 $y = \sqrt{1+x^3}$，当质点到达点 $(2,3)$ 时，纵坐标 y 以 4 cm/s 的速率增加，求在这一瞬间这一点横坐标 x 的变化速率.（提示：利用链式法则求解.）

班级_____   学号_____   姓名_____   评分_____

习题 2-3　导数的运算(二)

1. 质点作变速直线运动，其位移函数为 $s(t) = t + \dfrac{1}{t}$，求其速度函数 $v(t)$ 和加速度函数 $a(t)$.

2. 计算下列二阶导数：
(1) 设 $f(x) = x^2 \ln x - x$，计算 $f''(x)$；

(2) 设 $f(x) = (1+x^2)\arctan x$，计算 $f''(x)$ 及 $f''(0)$.

3. 求下列方程所确定的隐函数 y 对 x 的导数：
(1) $y = 1 + x e^y$；

(2) $y^3 + y^2 + y + x^2 - x = 0$.

4. 设曲线是笛卡儿叶形线 $y^3 + x^3 = 6xy$.
(1) 求 y';(2) 求曲线在点 $(3,3)$ 处的切线方程和法线方程.

5. 求下列参数方程所确定的导数 $\dfrac{dy}{dx}$:

(1) $\begin{cases} x = 2t, \\ y = 4t - 5t^2; \end{cases}$ (2) $\begin{cases} x = \ln\cos t, \\ y = \sin t - t\cos t. \end{cases}$

*6. 设由参数方程 $\begin{cases} x = t - \arctan t \\ y = \ln(1 + t^2) \end{cases}$,确定 y 是 x 的函数,求导数 $\dfrac{dy}{dx}, \dfrac{d^2y}{dx^2}$.

班级_____ 学号_____ 姓名_____ 评分_____

习题 2-4(1)　微分 —— 函数变化幅度的数学模型(一)

1. 已知 $y = x^3 - 1$，在点 $x = 2$ 处分别计算当 $\Delta x = 1$ 和 $\Delta x = 0.1$ 时的 Δy 及 $\mathrm{d}y$ 值．

2. 求下列函数的微分 $\mathrm{d}y$：
(1) $y = \mathrm{e}^{-2x} \cos 3x$；　　　(2) $y = \dfrac{x^2 + 1}{x + 1}$．

3. 求下列函数在点 $x = 1$ 的微分：
(1) $y = x^2 \mathrm{e}^x$；　　　(2) $y = x^2 + \ln x$．

4. 在下图中画出了曲线 $y=f(x)$ 及其在点 x_0 处的切线,请在图中标出 $\mathrm{d}y$ 和 Δy.

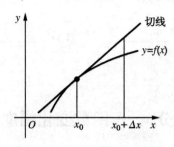

5. 如果半径为 4m 的气球充气后均匀膨胀,仍然保持圆球形,只是半径增加了 10cm,问气球的体积大约增加了多少?(提示:利用微分求解.)

6. 扩音器插头为圆柱形,其横截面半径 $r=0.15\text{cm}$,长度 $h=4\text{cm}$. 为了提高其导电性,需要在这个圆柱的侧面镀上一层厚为 0.001cm 的铜,问约需要多少克铜?(铜的密度为 8.9g/cm^3.)(提示:利用微分 dV 近似求体积的改变量 ΔV.)

班级_____　　学号_____　　姓名_____　　评分_____

习题 2-4(2)　微分 —— 函数变化幅度的数学模型(二)

1. 设函数 $f(x) = \sqrt[3]{1+3x}$.
(1) 写出 $f(x)$ 在 $x_0 = 0$ 处的线性逼近公式；

(2) 利用(1)中所得线性逼近公式近似计算 $\sqrt[3]{1.03}$.

2. 设函数 $f(x) = \cos x$.
(1) 写出 $f(x)$ 在 $x_0 = 0$ 处的二阶泰勒多项式逼近公式及其误差项 $R_2(x)$；

(2) 利用(1)中所得二阶泰勒多项式近似计算 $\cos \dfrac{\pi}{10}$.

3. 利用线性近似解释为什么下列近似是合理的：

(1) $(1.01)^6 \approx 1.06$； (2) $\sqrt{1.01} \approx 1.005$.

4. 证明方程 $x^4+x-4=0$ 的一个正根一定落在区间 $(1,2)$ 中.

5. 用二分法求方程 $x^2-2x-1=0$ 的一个正根（精确到小数点后一位数字）.

6. 用切线法求方程 $x^2-2x-1=0$ 的一个正根（精确到小数点后三位数字）.

第3章

导数的应用

习题 3-1　函数的单调性与极值

1. 填空题.

设函数 $y=f(x)$ 的定义域为 $(-1,+\infty)$.

x	$(-1, 0.5)$	0.5	$(0.5, 2)$	2	$(2, 5)$	5	$(5, +\infty)$
y'	$+$	0	$-$	不存在	$+$	0	$+$
y		$f(0.5)=3$		$f(2)=0$		$f(5)=2$	

(1) 根据上表,分析函数在相应区间内的增减性,并填入表中;

(2) 根据上表,$f(x)$ 的驻点是 $x=$ ＿＿＿＿＿＿（若无驻点则填写"无"）;

　　$f(x)$ 的极大值是＿＿＿＿＿,极小值是＿＿＿＿＿（若无相应极值则填写"无"）.

2. 求下列函数的极值:

(1) $f(x)=2x^3-6x^2-18x-7$;

(2) $f(x)=2-(x-1)^{\frac{2}{3}}$;

(3) $f(x) = x - \ln(1+x)$.

3. 求函数 $f(x) = x - \dfrac{3}{2}\sqrt[3]{x^2}$ 的单调区间与极值.

4. 已知函数 $f(x) = 2\sin x + k\sin 3x$ 在 $x = \dfrac{\pi}{3}$ 处取得极值.问实数 k 为何值?并判定该极值是极小值还是极大值.

班级_____ 学号_____ 姓名_____ 评分_____

习题 3-2 函数的最值 —— 函数最优化的数学模型

1. 求函数 $f(x) = 3 - x - \dfrac{4}{(x+2)^2}$ 在 $[-1, 2]$ 上的最大值和最小值.

2. 已知某产品的需求函数为 $P = 20 - 0.2Q$(其中 P 为产品销售价格),成本函数为 $C(Q) = 200 + 4Q$,问产量 Q 等于多少时总利润最大?

3. 企业生产某产品的固定成本 50(万元),每生产一件产品成本需增加 10(万元),且已知其需求函数 $Q = 50 - 2P$,其中 P 为价格,Q 为产量.
   (1) 求总成本函数 C(固定成本与可变成本之和)及总收益函数 R;
   (2) 求产量为多少时,利润最大.

4. 某厂生产一款机器. 假设一周生产 Q 台该机器的成本函数为 $C(Q) = 0.5Q^2 + 36Q + 9\,800$. 问周产量应定为多少台, 才能使得平均成本最小?

5. 某加工企业每月需要使用某种零件 4 800 件. 设每次订货费用固定为 100 元, 而每件零件每月的库存费用为 1.5 元. (为便于统计, 不妨设库存量为每批订货量的一半.) 请确定每批订货量为多少件时, 能使得每月的库存费与订货费用总和最小.

6. 甲船以每小时 20 海里(20 n mile/h)的速度向东行驶, 同一时间乙船在甲船正北 82 海里(82 n mile)处以每小时 16 海里(16 n mile)速度向南行驶, 问经过多少时间后两船距离最近?

班级_____ 学号_____ 姓名_____ 评分_____

习题 3-3 一元函数图形的描绘

1. 求下列函数图形的凹凸区间及拐点：

(1) $f(x) = x^3(1-x)$；

(2) $f(x) = 2 + (x-4)^{\frac{1}{3}}$.

2. 求下列函数图形的渐近线：

(1) $f(x) = \dfrac{1}{x^2}$；

(2) $f(x) = \dfrac{x}{x-2}$.

3. 作出下列函数的图形:

(1) $f(x) = 3x - x^3$;

(2) $f(x) = \dfrac{x}{1+x^2}$.

班级_____ 学号_____ 姓名_____ 评分_____

习题 3-4 罗必达法则 —— 未定式计算的一般方法

1. 用罗必达法则计算下列极限：

(1) $\lim\limits_{x\to 0}\dfrac{e^x-\cos x}{\sin x}$;

(2) $\lim\limits_{x\to \pi}\dfrac{\sin 3x}{\tan 5x}$;

(3) $\lim\limits_{x\to 0}\dfrac{e^x+e^{-x}-2}{\sin^2 x}$;

(4) $\lim\limits_{x\to 0}\dfrac{x(e^x+1)-2(e^x-1)}{x^3}$;

(5) $\lim\limits_{x\to \frac{\pi}{2}}\dfrac{\cos x}{\pi-2x}$.

2. 用罗必达法则计算下列极限：

(1) $\lim\limits_{x \to 0^+} \dfrac{\ln\cot x}{\ln x}$；

(2) $\lim\limits_{x \to +\infty} \dfrac{\ln x}{\sqrt{x}}$；

(3) $\lim\limits_{x \to 0^+} (\sin x \cdot \ln x)$；

(4) $\lim\limits_{x \to 1} \left(\dfrac{1}{\ln x} - \dfrac{1}{x-1} \right)$；

(5) $\lim\limits_{x \to 0} (1 + \sin x)^{\frac{1}{x}}$.

班级_____   学号_____   姓名_____   评分_____

习题 3-5 导数在经济领域中的应用举例

1. 设某产品的售价为 200 元/件，成本是产量(= 销量)Q 的函数
$$C(Q) = 5\,000 - 60Q + \frac{1}{20}Q^2.$$
求：(1) 边际成本；(2) 利润函数；(3) 边际利润.

2. 某商品需求函数为 $Q(P) = 75 - P^2$，其中 P 为销售价格，求：
(1) 当 $P = 4$ 时的边际需求，并说明其经济意义；
(2) 当 $P = 4$ 时的总收益及边际收益.

3. 设某商品的供给函数为 $Q = g(P) = e^{2P}$，求：(1) 供给弹性函数；(2) $P = 2$ 时的供给弹性，并说明其经济意义.

4. 设某商品的需求函数为 $Q = f(Q) = 12 - \dfrac{P}{2}$. 求:(1) 需求弹性函数;(2) $P = 6$ 时的需求弹性;(3) 当 $P = 6$ 时,如果价格上涨 1‰,总收入增加还是减少?变化幅度是多少?

5. 设生产某产品的成本函数为 $C(Q) = 2.5Q^2 + 8$(万元/百台),边际收益 $R'(Q) = 120 - Q$(万元/百台),不妨设产量等于销量,问产量多少时,利润最大?

第4章

定积分与不定积分及其应用

班级_____　　学号_____　　姓名_____　　评分_____

习题 4-1　定积分 —— 函数变化累积效应的数学模型

1. 用定积分的几何意义,指出下列定积分的值：

(1) $\int_0^1 2x\,dx$；
　　　　　　　　(2) $\int_0^a \sqrt{a^2-x^2}\,dx$；

(3) $\int_0^{2\pi} \sin x\,dx$.

2. 一物体以速度 $v=v(t)$ 作变速直线运动,试用定积分表示在 $[t_0, T]$ 时间段内物体所经过的路程 s.

3. 用定积分表示由曲线 $y=x^3$，直线 $x=1, x=3$ 及 x 轴所围成的曲边梯形的面积 S.

4. 试用定积分性质比较 $\int_0^1 x^2 \mathrm{d}x$ 与 $\int_0^1 x^3 \mathrm{d}x$ 值的大小.

班级_____   学号_____   姓名_____   评分_____

习题 4-2 微积分基本公式

1. 求下列变上限积分函数的导数：

(1) $\phi(x) = \int_0^x t^3 \cos 3t \, dt$；

(2) $\phi(x) = \int_0^{x^3} e^t \cos 2t \, dt$；

(3) $\phi(x) = \int_0^{x^2} \cos t \, dt$；

(4) $\int_{x^2}^{x^3} \dfrac{dt}{\sqrt{1+t^4}}$；

(5) 利用变上限积分的导数定理，求极限 $\lim\limits_{x \to 0} \dfrac{\int_0^{x^2} \sin 5t \, dt}{x^4}$.

2. 求下列定积分：

(1) $\int_0^4 \sqrt{x} \, dx$；

(2) $\int_{\frac{1}{\sqrt{3}}}^{\sqrt{3}} \dfrac{1}{1+x^2} \, dx$；

(3) $\int_0^{\frac{\pi}{4}} \dfrac{\sin 2x}{\cos x}\,\mathrm{d}x$;

(4) $\int_0^2 (3x^2 - x + 2)\,\mathrm{d}x$;

(5) $\int_{-1}^{1} (x + \ln 3)\,\mathrm{d}x$;

(6) $\int_1^3 \left(\dfrac{1}{x^3} - \dfrac{1}{x}\right)\mathrm{d}x$;

(7) $\int_9^{16} \dfrac{x+1}{\sqrt{x}}\,\mathrm{d}x$;

(8) $\int_0^1 \dfrac{x^2-1}{x^2+1}\,\mathrm{d}x$;

(9) 设 $f(x) = \begin{cases} x^2, & -1 \leqslant x \leqslant 0, \\ x - 1, & 0 \leqslant x \leqslant 1, \end{cases}$ 求 $\int_{-\frac{1}{2}}^{\frac{1}{2}} f(x)\,\mathrm{d}x$.

3. 一物体由静止出发沿直线运动,速度为 $v = 3t^2$(单位:m/s),求物体在 1s 到 2s 之间走过的路程.

班级_____   学号_____   姓名_____   评分_____

习题 4-3 不定积分与积分计算(一)

1. 填空题：

(1) 设 $f(x) = \dfrac{\cos x}{x^2}$，则 $\left(\int f(x)\,\mathrm{d}x\right)' =$ _____；

(2) $\int f(x)\,\mathrm{d}x = 2\mathrm{e}^{2x} + C$，则 $f(x) =$ _____；

(3) $\int \left(\dfrac{\ln x}{\cos x}\right)' \mathrm{d}x =$ _____；

(4) $\mathrm{d}\left(\int \sec x\,\mathrm{d}x\right) =$ _____；

2. 计算下列不定积分：

(1) $\int x^3(2\sqrt{x} - 5x)\,\mathrm{d}x$；

(2) $\int \dfrac{1 - 2x + 3x^3}{x}\,\mathrm{d}x$；

(3) $\int \dfrac{3^x - 2^x}{5^x}\,\mathrm{d}x$；

(4) $\int \mathrm{e}^{3-2x}\,\mathrm{d}x$；

(5) $\int \dfrac{1}{(2x+7)^9}\,\mathrm{d}x$；

(6) $\int \dfrac{\sqrt{\ln x}}{x}\,\mathrm{d}x$；

(7) $\int \sin x \cos^3 x \, dx$;

(8) $\int \dfrac{\cos x}{\sin^2 x} \, dx$;

(9) $\int \dfrac{e^x}{e^x + 2} \, dx$;

(10) $\int \dfrac{1}{\sqrt{2x-1}+1} \, dx.$

3. 计算下列定积分：

(1) $\int_0^{\frac{1}{3}} \dfrac{1}{2-3x} \, dx$;

(2) $\int_1^2 \dfrac{1}{x^2(1+x^2)} \, dx$;

(3) $\int_0^{2\sqrt{2}} \dfrac{x}{\sqrt{1+x^2}} \, dx$;

(4) $\int_0^1 \dfrac{x}{\sqrt{1-x}} \, dx$;

班级_____   学号_____   姓名_____   评分_____

习题 4-4 积分计算(二) 与广义积分

1. 利用分部积分公式 $\int u\,dv = uv - \int v\,du$，正确选择 u，完成填空：

(1) $\int x^2 \sin x\,dx$，令 $u = $_____；

(2) $\int x e^{2x}\,dx$，令 $u = $_____；

(3) $\int \ln(x^2+1)\,dx$，令 $u = $_____；

(4) $\int x^2 \arctan x\,dx$，令 $u = $_____．

2. 利用分部积分公式，求下列积分：

(1) $\int \arctan x\,dx$；

(2) $\int \sin x \cdot e^x\,dx$；

(3) $\int \ln x\,dx$；

(4) $\int_1^e x \cdot \ln x\,dx$；

(5) $\int_0^\pi x \sin x\,dx$；

(6) $\int_0^1 \arcsin x\,dx$．

3. 利用换元法，求下列定积分：

(1) $\int_{1}^{e^2} \dfrac{1}{x\sqrt{1+\ln x}}dx$;

(2) $\int_{0}^{\frac{\pi}{2}} \sin^3 x\,dx$;

(3) $\int_{0}^{2} \dfrac{1}{\sqrt{4-x^2}}dx$;

(4) $\int_{-\frac{\pi}{2}}^{\frac{\pi}{2}} \sqrt{\cos x - \cos^3 x}\,dx$.

4. 求下列广义积分：

(1) $\int_{-\infty}^{1} e^{2x}dx$;

(2) $\int_{0}^{+\infty} \sin x\,dx$;

(3) $\int_{e}^{+\infty} \dfrac{1}{x(\ln x)^2}dx$;

(4) $\int_{0}^{+\infty} \dfrac{1}{2^x}dx$.

班级_____ 学号_____ 姓名_____ 评分_____

习题 4-5 定积分的应用

1. 求下列各题中平面图形的面积(要求作草图):

(1) $y = \sqrt{x}$, $x = 1$, $x = 4$, $y = 0$;

(2) $y = \sin x (0 \leqslant x \leqslant \pi)$ 与 x 轴;

(3) $y = x^3$ 与 $y = x$ 所围图形;

(4) $y = \dfrac{1}{x}$, $y = x$ 及 $y = 2$ 所围图形.

2. 求由下列曲线所围成的图形绕指定轴旋转而成的旋转体的体积：
(1) $y = \cos x$, $x = 0$, $x = \pi$, $y = 0$, 绕 x 轴；

(2) $y = x^2 - 4$, $y = 0$, 绕 y 轴.

3. 若边际消费函数 $C'(x) = \frac{3}{2} x^{-\frac{1}{2}}$, 且当收入 $x = 0$ 时总消费支出 $C_0 = 70$. 求：
(1) 消费函数 $C(x)$；
(2) 收入由 100 增加到 196 时，消费支出的增量.

4. 已知某产品的边际成本函数为 $C'(Q) = 0.4Q - 12$(元/件), 固定成本为 80 元. 求：
(1) 成本函数 $C(Q)$；
(2) 若该产品的销售单价为 20 元，求利润函数，并问产量为多少时利润最大？

班级_____   学号_____   姓名_____   评分_____

习题 4-6 简单常微分方程

1. 指出下列各题中,哪些是一阶线性微分方程:
(1) $xy' + y^2 = x$；
(2) $y' + xy = \sin x$；
(3) $y \cdot y' = x$；
(4) $(y')^2 + 2xy = 0$.

2. 验证下列各题中所给函数是对应微分方程的解,并指出哪些是通解,哪些是特解:
(1) $xy' = 2y$, $y = 3x^2$；

(2) $y' + y^2 = 0$, $y = \dfrac{1}{x+C}$,其中 C 是任意常数；

(3) $y'' - y = 0$, $y = 2e^x - e^{-x}$.

3. 求下列微分方程的通解:
(1) $\dfrac{dy}{dx} = 2xy^3$；
(2) $\dfrac{dy}{dx} = \dfrac{xy}{1+x^2}$；

(3) $y' = \dfrac{y^2}{xy - x^2}$.

4. 求解下面的初值问题：
$\begin{cases} y' = e^{2x-y}, \\ y(0) = 0. \end{cases}$

5. 求解下列一阶线性微分方程：

(1) $y' + 2xy = xe^{-x^2}$； (2) $y' - \dfrac{1}{x+1}y = x^2 + x$；

(3) $xy' + y = 3$, $y|_{x=1} = 0$.

第5章

线性代数初步

习题 5-1　行　列　式

1. 计算下列行列式：

(1) $\begin{vmatrix} 3 & 6 & 2 \\ 2 & 3 & 6 \\ 6 & 2 & 3 \end{vmatrix}$；

(2) $\begin{vmatrix} 1 & 1 & 1 \\ 1 & 1+a & 1 \\ 1 & 1 & 1+b \end{vmatrix}$；

(3) $\begin{vmatrix} 5 & 0 & 4 & 2 \\ 1 & 1 & 2 & 1 \\ 4 & 1 & 2 & 0 \\ 1 & 1 & 1 & 1 \end{vmatrix}$.

2. 解下列方程：

$\begin{vmatrix} 2+x & x & x \\ x & 3+x & x \\ x & x & 4+x \end{vmatrix} = 0.$

3. 设下列齐次线性方程组有非零解，求 m 的值：
$$\begin{cases} x_1 + x_2 + mx_3 = 0, \\ x_1 + mx_2 + x_3 = 0, \\ mx_1 + x_2 + x_3 = 0. \end{cases}$$

4. 用克莱姆法则解下列线性方程组：

(1) $\begin{cases} x + 3y + z - 5 = 0, \\ x + y + 5z + 7 = 0, \\ 2x + 3y - 3z - 14 = 0; \end{cases}$ (2) $\begin{cases} x + 2y - 3z = 0, \\ 3x - y + 4z = 0, \\ x + y + z = 0. \end{cases}$

5. 求一个二次多项式 $f(x)$，使 $f(1) = -1, f(-1) = 9, f(2) = -3$.

班级_____ 学号_____ 姓名_____ 评分_____

习题 5-2(1)　矩阵及其运算(一)

1. 设矩阵
$$A = \begin{pmatrix} 1 & -2 & 1 & 2 \\ 2 & 3 & -4 & 0 \\ -3 & 5 & 0 & -4 \end{pmatrix}, B = \begin{pmatrix} -3 & 3 & 0 & -3 \\ 0 & -4 & 9 & 12 \\ 6 & -8 & -9 & 5 \end{pmatrix}.$$
求：(1) $2A - B$；(2) $2A + 3B$；(3) 若 X 满足 $A + X = B$，求 X.

2. 计算下列矩阵：

(1) $\begin{pmatrix} 1 & 0 \\ 0 & 1 \end{pmatrix}\begin{pmatrix} 3 & 2 \\ 5 & 6 \end{pmatrix}$；

(2) $\begin{pmatrix} 2 & -1 \\ -3 & 3 \end{pmatrix}^2 - 5\begin{pmatrix} 2 & -1 \\ -3 & 3 \end{pmatrix} + 2\begin{pmatrix} 1 & 0 \\ 0 & 1 \end{pmatrix}$；

(3) $\begin{pmatrix} 1 & 0 \\ 0 & 1 \end{pmatrix}\begin{pmatrix} 5 & 3 \\ 2 & 7 \end{pmatrix}\begin{pmatrix} 1 & 0 \\ 0 & 1 \end{pmatrix}$；

(4) $\begin{pmatrix} -1 & 2 & 3 \\ 3 & -1 & 0 \end{pmatrix}\begin{pmatrix} 2 & 5 & 0 \\ -4 & 3 & -2 \\ -3 & -1 & 1 \end{pmatrix}$.

3. 设 n 阶方阵 A 和 B 满足 $AB = BA$，证明：

(1) $(A+B)^2 = A^2 + 2AB + B^2$；
(2) $A^2 - B^2 = (A+B)(A-B)$.

4. 若矩阵

$$A = \begin{pmatrix} -2 & 3 \\ -5 & 0 \end{pmatrix}, B = \begin{pmatrix} 2 & 1 \\ 3 & 4 \end{pmatrix}.$$

验证：$|AB| = |A||B|$.

5. 若矩阵

$$A = \begin{pmatrix} 1 & 3 \\ 0 & 2 \\ -1 & 0 \end{pmatrix}, B = \begin{pmatrix} 1 & 0 & 1 \\ -1 & 1 & 0 \end{pmatrix}.$$

验证：$(AB)^T = B^T A^T$.

6. 已知矩阵 $B = \begin{pmatrix} 1 & 0 & 2 & 0 \\ 1 & -1 & 0 & 2 \\ 0 & 2 & 1 & -1 \end{pmatrix}$ 和对称矩阵 $A = \begin{pmatrix} 1 & 4 & 6 \\ 4 & 2 & 5 \\ 6 & 5 & 3 \end{pmatrix}$，

验证：$B^T A B$ 为对称矩阵.

班级_____   学号_____   姓名_____   评分_____

习题 5-2(2)　矩阵及其运算(二)

1. 用伴随矩阵求下列矩阵的逆矩阵：

(1) $\begin{bmatrix} 2 & 1 \\ 1 & 2 \end{bmatrix}$；

(2) $\begin{bmatrix} 2 & 2 & 3 \\ 1 & -1 & 0 \\ -1 & 2 & 1 \end{bmatrix}$.

2. 用初等变换求下列矩阵的逆矩阵：

(1) $\begin{bmatrix} 5 & 7 \\ 8 & 11 \end{bmatrix}$；

(2) $\begin{bmatrix} 1 & 2 & 3 & 4 \\ 2 & 3 & 1 & 2 \\ 1 & 1 & 1 & -1 \\ 1 & 0 & -2 & -6 \end{bmatrix}$.

3. 利用上两题所求的逆矩阵解下列矩阵方程：

(1) $\begin{pmatrix} 2 & 2 & 3 \\ 1 & -1 & 0 \\ -1 & 2 & 1 \end{pmatrix} X = \begin{pmatrix} 2 \\ 0 \\ 1 \end{pmatrix}$;

(2) $\begin{pmatrix} 2 & 1 \\ 1 & 2 \end{pmatrix} X \begin{pmatrix} 5 & 7 \\ 8 & 11 \end{pmatrix} = \begin{pmatrix} 3 & 2 \\ 0 & 1 \end{pmatrix}$.

4. 解线性方程组
$$\begin{cases} x_1 + x_2 - x_3 = 2, \\ -2x_1 + x_2 + x_3 = 3, \\ x_1 + x_2 + x_3 = 6. \end{cases}$$

班级_____ 学号_____ 姓名_____ 评分_____

习题 5-3(1)　线性方程组（一）

1. 求下列矩阵的秩：

(1) $\begin{pmatrix} 1 & -1 & 3 \\ 2 & -4 & 1 \\ 0 & 3 & 2 \end{pmatrix}$;

(2) $\begin{pmatrix} -5 & 6 & -3 \\ 3 & 1 & 11 \\ 4 & -2 & 8 \end{pmatrix}$;

(3) $\begin{pmatrix} 1 & 6 & -2 & 5 \\ 4 & 0 & 4 & -2 \\ 7 & 2 & 0 & 2 \\ -6 & 3 & -3 & 3 \end{pmatrix}$;

(4) $\begin{pmatrix} 2 & 0 & 2 & 2 \\ 0 & 1 & 0 & 0 \\ 2 & 1 & 0 & 1 \\ 0 & 1 & 2 & 0 \end{pmatrix}.$

2. 讨论下列方程组当 k 取何值时，方程组分别有无穷组解、无解：

(1) $\begin{cases} 2x_1 - x_2 + x_3 + x_4 = 1, \\ x_1 + 2x_2 - x_3 + 4x_4 = 2, \\ x_1 + 7x_2 - 4x_3 + 11x_4 = k; \end{cases}$

(2) $\begin{cases} x_1 + x_2 + x_3 + x_4 + x_5 = 1, \\ 3x_1 + 2x_2 + x_3 + x_4 - 3x_5 = k, \\ x_2 + 2x_3 + 2x_4 + 6x_5 = 3. \end{cases}$

班级_____ 学号_____ 姓名_____ 评分_____

习题 5-3(2)　线 性 方 程 组 (二)

1. 求解下列线性方程组:

(1) $\begin{cases} x_1 - 2x_2 + 3x_3 = 4, \\ 2x_1 + x_2 - 3x_3 = 5, \\ -x_1 + 2x_2 + 2x_3 = 6, \\ 3x_1 - 3x_2 + 2x_3 = 7; \end{cases}$

(2) $\begin{cases} 2x_1 - 3x_2 + x_3 + 5x_4 = 6, \\ -3x_1 + x_2 + 2x_3 - 4x_4 = 5, \\ -x_1 - 2x_2 + 3x_3 + x_4 = 2; \end{cases}$

(3) $\begin{cases} x_1 - 3x_2 - 2x_3 - x_4 = 6, \\ 3x_1 - 8x_2 + x_3 + 5x_4 = 0, \\ -2x_1 + x_2 - 4x_3 + x_4 = -12, \\ -x_1 + 4x_2 - x_3 - 3x_4 = 2. \end{cases}$

2. 若下列线性方程组有非零解,试确定 m 的值,并求出它们的解:

(1) $\begin{cases} (m-6)x_1 + 2x_2 - 2x_3 = 0, \\ 2x_1 + (m-3)x_2 - 4x_3 = 0, \\ -2x_1 - 4x_2 + (m-3)x_3 = 0; \end{cases}$

(2) $\begin{cases} x_1 + 2x_2 + 3x_3 = 0, \\ x_1 + x_2 + 2x_3 = 0, \\ x_1 - x_2 + mx_3 = 0. \end{cases}$

第6章

概率论基础

班级_____　　　学号_____　　　姓名_____　　　评分_____

习题 6-1(1)　随机事件及其概率(一)

1. 写出下列试验的基本事件空间或样本空间：
(1) 某人射击 3 次,观测记录击中目标的次数；
(2) 投掷两枚硬币,观测其出现正面与反面的情况；
(3) 从 2 件一等品 a_1, a_2 和 1 件二等品 b 中,有序地接连抽取 2 件,第一件抽取后不放回,观测其抽取的情况.

2. 设 A, B, C 为 3 个事件,试用 A, B, C 的运算表示下列事件：
(1) A, B, C 都发生；
(2) 只有 A 发生；
(3) A, B 发生, C 不发生；
(4) A, B, C 中恰好有两个发生；
(5) A, B, C 中至少有一个发生.

3. 一批产品共 200 件,其中有 6 件次品,求:
(1) 这批产品的次品率;
(2) 任取 3 件恰有 1 件是次品的概率;
(3) 任取 3 件中至少有 1 件次品的概率.

4. 某产品的生产需经过甲、乙两道工序,如果某道工序机器发生故障,则产品生产停止. 已知甲、乙工序机器发生故障的概率分别为 0.3 和 0.2,两道工序机器同时发生故障的概率为 0.15,求产品停止生产的概率.

5. 某市发行日报和晚报两种,市民中订日报(记作事件 A) 为 50%,订晚报(用 B 表示) 为 60%,既订日报又订晚报(用 AB 表示) 为 30%. 求:
(1) 市民中至少订一份报纸的百分比;
(2) 市民中至多订一份报纸的百分比;
(3) 市民中不订报的百分比.

班级_____ 学号_____ 姓名_____ 评分_____

习题 6-1(2)　随机事件及其概率(二)

1. 某人有一笔资金,投入基金的概率为 0.58,购买股票的概率为 0.28,两项投资都做的概率为 0.19.求:

(1) 已知已投入基金,再购买股票的概率;

(2) 已知已购买股票,再投入基金的概率.

2. 某保险公司把办保险人分为 3 类:"谨慎的"、"一般的"和"冒失的".统计资料表明,上述 3 种人一年内发生事故的概率依次为 0.05,0.15,0.30.如果被保险人依次占的比例为 20%,50%,30%,求:

(1) 随机任取一人,在一年内发生事故的概率;

(2) 已知该保险人在一年内发生了事故,它是"谨慎的"客户的概率.

3. 某公司对两项工程 A 与 B 投标,两项工程中每一项将得标的概率分别是 $P(A) = \dfrac{1}{4}$, $P(B) = \dfrac{1}{3}$,假设事件 A,B 相互独立,求该公司

(1) 全不得标的概率;

(2) 至少能得一项工程的概率.

4. 某气象站天气预报的准确率为 80%,且各次预报的准确率与否相互独立,求:

(1) 预报 5 次,恰好有 4 次准确的概率;

(2) 预报 5 次,至少有 4 次准确的概率;

(3) 预报 5 次,至多有 4 次准确的概率.

5. 某型号高炮,每门炮发射一发炮弹击中飞机的概率为 0.6. 若干门炮同时各射一发,问欲以 99% 的把握击中一架来犯的敌机至少需配置几门炮?

班级_____ 学号_____ 姓名_____ 评分_____

习题 6-2(1)　随机变量及其概率分布(一)

1. 社会上定期发行某种奖券,每券一元,中奖率为 $p(0<p<1)$. 某人每次购买1张,如没中奖下次再继续购买1张,直到中奖为止. 求该人购买次数 X 的分布律.

2. 设随机变量 X 的分布律如下表,求常数 k 的值,并写出 X 的分布函数.

X	1	2	4	8
P	0.01	0.25	k	0.41

3. 某零件不合格率为 0.1,有放回地随机抽取 5 件,求:
(1) 恰有 2 件不合格品的概率;
(2) 至少有 3 件不合格品的概率.

4. 某电话交换台每分钟收到呼叫次数 X 服从参数为 $\lambda = 3$ 的泊松分布,求:
(1) 每分钟恰好收到 5 次呼叫的概率;
(2) 每分钟收到呼叫次数大于 10 的概率.

5. 超市某组合音响月销售量 X 服从参数为 4 的泊松分布,试求:
(1) 该音响月销售量至少 5 套的概率;
(2) 如果要以 95% 以上的概率保证该音响不脱销,在无库存的情况下月底应进货多少台?

班级_____   学号_____   姓名_____   评分_____

习题 6-2(2)　随机变量及其概率分布(二)

1. 设随机变量 X 的概率分布密度为
$$f(x)=\begin{cases}0, & x\leqslant 0,\\ kx^2, & 0<x\leqslant 1,\\ 0, & x>1,\end{cases}$$
试求：(1) $k=?$　(2) $P\left\{-2<X\leqslant\dfrac{1}{2}\right\}$.

2. 某公共汽车站每隔 5min 有一班汽车通过，乘客在车站上候车的时间为 X. 如果 X 在 $[0,5]$ 上服从均匀分布，求候车时间不超过 2min 的概率.

3. 设一批晶体管的使用寿命 X（单位：年）近似服从指数分布，其概率分布密度为
$$f(x)=\begin{cases}\dfrac{1}{5}e^{-\frac{1}{5}x}, & x\geqslant 0,\\ 0, & x<0,\end{cases}$$
求晶体管能使用 1～5 年的概率以及至少使用 5 年的概率.

4. (1) 设 $X \sim N(0,1)$,计算 $P\{X \leqslant 2.35\}$,$P\{1 < X < 2\}$,$P\{|x| > 2\}$;
(2) 设 $X \sim N(1,4)$,求 $P\{X \leqslant 5\}$,$P\{X > 3\}$,$P\{|X| < 6\}$.

5. 某校抽样调查表明学生成绩 X(百分制)服从正态分布 $N(70,10^2)$,规定 85 分以上为优秀,60 分以下为不合格. 求:
(1) 成绩优秀占全班百分之几?
(2) 成绩不合格占全班百分之几.

6. 从城南到城北有两条路线可走. 第一条穿过市区,路线短,交通拥挤,所需时间 X(单位:分钟)服从正态分布 $N(50,100)$;另一条沿环城走,路线长,意外阻塞较少,所需时间 Y(分钟)服从正态分布 $N(60,16)$. 如果:(1) 有 70min 可利用;(2) 只有 65min 可利用,问应走哪一条路线?

班级_____ 学号_____ 姓名_____ 评分_____

习题 6-3 随机变量的数字特征

1. 甲、乙两人加工同一型号的产品，生产 1 000 件产品所含次品数分别为 X,Y. 如果 X,Y 的分布律如下表所示，试比较甲乙两人技术的优劣.

X	0	1	2	3
P	0.3	0.3	0.3	0.1

Y	0	1	2	3
P	0.2	0.5	0.2	0.1

2. 设随机变量 X 的分布密度为
$$f(x) = \begin{cases} 2(1-x), & 0 < x < 1, \\ 0, & \text{其他}, \end{cases}$$
求 $E(X)$ 及 $D(X)$.

3. 地铁运行间隔时间为 2min，一旅客在任意时刻进入站台，求候车时间 X 的数学期望与方差.

4. 已知 $X \sim B(n,p)$，且 $E(X)=3, D(X)=2$，试求 X 的全部可能取值，并且计算 $P\{X \leqslant 8\}$.

5. 5家商店联营，它们每两周售出的某种农产品数量为 X_1, X_2, X_3, X_4, X_5（单位：kg）. 已知 $X_1 \sim N(200, 225)$，$X_2 \sim N(240, 240)$，$X_3 \sim N(180, 225)$，$X_4 \sim N(260, 265)$，$X_5 \sim N(320, 270)$，求5家商店两周的总销售量的均值与方差.

6. 现有500 000张1元的彩票出售，有头等奖一个，奖金100 000元；二等奖一个，奖金50 000元；三等奖一个，奖金20 000元；四等奖三个，奖金各为5 000元. 问购一张彩票的利润期望值为多少？

7. 一工厂生产的某种设备的寿命（单位：年）服从参数为 $\dfrac{1}{4}$ 的指数分布. 工厂规定，出售的设备在售出一年之内损坏的可以调换. 如果工厂售出一台设备盈利100元，调换一台设备厂方需花费300元，求工厂出售一台设备盈利的期望值.（提示：出售一台设备净盈利 $y = \begin{cases} 100, & x \geqslant 1, \\ -200, & 0 \leqslant x < 1. \end{cases}$）

第7章

数理统计初步

班级_____ 学号_____ 姓名_____ 评分_____

习题 7-1 数理统计的概念

1. 已知总体 X 服从 $(0,\lambda]$ 上的均匀分布(λ 未知)，设 $X_1,X_2,\cdots,X_n$ 为 X 的一个样本，试问在下列样本函数

$$\frac{1}{n}\sum_{n=1}^{n}X_i-\frac{\lambda}{2},\frac{1}{n}\sum_{n=1}^{n}X_i-E(X),X_1+X_2,\frac{1}{n}\sum_{n=1}^{n}X_i^2-D(X)$$

中，哪些是统计量，哪些不是，为什么？

2. 从总体 X 中任取一个容量为 10 的样本，样本值为

    4.5 2.0 1.0 1.5 3.5 4.5 6.5 5.0 3.5 4.0

试分别计算样本均值 $\bar{x}$ 与样本方差 s^2.

3. 查表计算：

(1) $\chi^2_{0.95}(5)$； (2) $\chi^2_{0.01}(10)$； (3) $t_{0.05}(3)$；

(4) $t_{0.005}(10)$； (5) $F_{0.95}(6,4)$； (6) $F_{0.99}(5,5)$.

4. 设 $X \sim N(21,2^2)$，$X_1, X_2, \cdots, X_{25}$ 为 X 的一个样本，求：
(1) 样本均值 $\bar{X}$ 的数学期望与方差；(2) $P\{|\bar{X} - 21| \leqslant 0.24\}$.

5. 在天平上重复称一重量为 a 的物品，假设各次称量的结果相互独立，且服从正态分布 $N(a, 0.2^2)$，若 $\bar{X}$ 表示 n 次称量结果的算术平均值，求使 $P\{|\bar{X} - a| < 0.1\} \geqslant 0.95$ 成立的称量次数 n 的最小值.

6. 已知总体 X 服从正态分布 $N(\mu, \sigma^2)$，若至少要以 95% 的概率保证 $|\bar{X} - \mu| < 0.1\sigma$，问样本容量 n 应取多大？

7. 设 $X_1, X_2, \cdots, X_9$ 是来自总体 $N(10, \sigma^2)$ 的样本.
(1) 若 $\sigma = 2$，求 $P\{\bar{X} > 10.5\}$；

*(2) 若 σ 未知，但 $s^2 = 2.5^2$，求 $P\{\bar{X} > 10.5\}$.

班级_____   学号_____   姓名_____   评分_____

习题 7-2 总体参数的估计

1. 对参数的一种区间估计及一组样本观察值 $(x_1, x_2, \cdots, x_n)$ 来说，下列结论中正确的是（ ）.
   A. 置信度越大，对参数取值范围估计越准确
   B. 置信度越大，置信区间越长
   C. 置信度越大，置信区间越短
   D. 置信度大小与置信区间的长度无关

2. 设总体的标准差 $\sigma = 3$cm，从中抽取 40 个个体，测得其样本均值为 $\bar{x} = 642$cm，试求出总体均值 μ 的 0.95 置信区间.

3. 某旅行社随机访问 25 名旅游者，得知日平均消费额 $\bar{x} = 80$ 元，样本标准差 $s = 12$ 元，已知旅游者消费额服从正态分布，求旅游者平均消费额 μ 的 0.95 的置信区间.

4. 某养鸡场近年来一直用一种混合饲料喂养肉鸡,雏鸡 100 天后,平均重量为 1.5kg,今年采用新的品牌饲料,100 天后随机地抽取 20 只称其重量,得到平均重量 1.62kg,标准差 0.32kg,试问如何估计今年肉鸡的重量?($\alpha = 0.05$)

5. 在某校的一个班级体检记录中,随意抽取 25 名男生的身高数据,计算得 $\bar{x} = 170$cm, $s = 12$cm,试求该班男生的平均身高 μ 和身高的标准差 σ 的置信度为 0.95 的置信区间(设身高近似服从正态总体).

6. 某商店为了了解居民对某种商品的需求,调查了 100 家居民,得出每户每月平均需求量为 10kg,方差为 9.如果这个商店供应 10 000 户居民,试就居民对该种商品的平均需求进行区间估计($\alpha = 0.01$),并依此考虑最少要准备多少这种商品才能以 0.99 的概率满足需要.

班级_____   学号_____   姓名_____   评分_____

习题 7-3 总体参数的假设检验

1. 某工厂生产 10Ω 的电阻,根据以往生产的电阻实际情况,可以认为电阻值 X 服从正态分布 $N(\mu, 0.12)$. 现在随机抽取 10 个电阻,测得它们的电阻值为
$$9.9, 10.1, 10.2, 9.7, 9.9, 9.9, 10.0, 10.5, 10.1, 10.2.$$
从样本看,能否认为该厂生产的电阻的平均值 $\mu = 10\Omega$?$(\alpha = 0.05)$

2. 某厂的维尼龙纤度 $Z \sim N(1.36, \sigma^2)$. 某日抽取 6 根纤维,测得纤度为
$$1.35, 1.41, 1.48, 1.41, 1.40, 1.41.$$
试问该厂维尼龙纤度的均值有无显著性变化?$(\alpha = 0.05)$

3. 一种元件,用户要求元件的平均寿命不低于 1 200h,标准差不得超过 50h. 今在一批这种元件中抽取 9 只,测得平均寿命 $\bar{x} = 1178$h,标准差 $s = 54$h,已知元件寿命服从正态分布,试在 $\alpha = 0.05$ 下确定这批元件是否合乎要求.

4. 某种导线的电阻服从正态分布 $N(\mu, 0.005^2)$,今从新生产的一批导线中抽取 9 根,测其电阻,得 $s = 0.008\Omega$,对于 $\alpha = 0.05$,能否认为这批导线电阻的标准差仍为 0.005?

5. 一台自动机床加工某种轴件的直径(单位:mm)服从正态分布 $N(\mu, \sigma^2)$,已知原加工精度 $\sigma^2 \leqslant 0.09$. 某日从该机床加工的轴件中抽取 30 个,测得数据如下:

直径	9.2	9.4	9.6	9.8	10.0	10.2	10.4	10.6	10.8
频数	1	1	3	6	7	5	4	2	1

问在 $\alpha = 0.05$ 下是否可以认为该日机床的加工精度正常?

班级_____   学号_____   姓名_____   评分_____

习题 7-4　一元回归分析

1. 炼钢基本上是一个氧化脱碳观察,设某平炉的熔毕碳(全部炉料熔化完毕时,钢液含碳量)x与精炼时间Y的生产记录列表如下:

$x/0.01\%$	134	150	180	104	190	163	200	121	154	177
Y/min	135	170	200	100	215	175	220	125	150	185

试求Y对x的回归方程,并检验相关性($\alpha = 0.05$).

2. 20世纪90年代随机抽取12个城市居民关于收入与食品支出的样本,数据如下:

家庭收入 m_i/元	82	93	105	130	144	150	160	180	200	270	300	400
月食品支出 y_i/元	75	85	92	105	120	120	130	145	156	200	200	240

试判断食品支出与家庭收入是否存在线性相关关系,并求出食品支出与家庭收入间的回归直线方程($\alpha = 0.05$).

3. 某建材实验室做陶粒混凝土实验时,考察每立方米混凝土的水泥用量对混凝土抗压强度(单位:kg/cm³)的影响,测得数据如下:

水泥用量 x/kg·m^{-3}	150	160	170	180	190	200	210	220	230	240	250	260
抗压强度 y/kg	56.9	58.3	61.6	64.6	68.1	71.3	74.1	77.4	80.2	82.6	86.4	89.7

(1) 求一元线性回归方程;

(2) 检验一元线性回归方程的显著性($\alpha = 0.05$);

(3) 该 $x_0 = 225$kg,求 y 的预测值和置信度为 0.95 的预测区间.

4. 某开发区近几年的国民收入与财政收入(单元:亿元)统计如下:

国民收入 x/亿元	9.2	7	10	12.8	16.6	17.8	18	19
财政收入 y/亿元	0.8	1	1.4	2.2	3.2	3.6	3.8	4.4

(1) 求 y 对 x 的线性回归直线方程;

(2) 当 $\alpha = 0.01$ 时,试问 y 与 x 间是否具有线性相关关系;

(3) 当 $\alpha = 0.05$ 时,如果要使该地区国民收入达到 20 亿元,试预测财政收入 y 的取值范围.

参考答案

第1章 函数与极限

习题 1-1

1. (1) $(-\infty,-3) \cup (-3,-2) \cup (-2,+\infty)$; (2) $(-1,2]$;
   (3) $(-\infty,-1] \cup [1,+\infty)$; (4) $(2k\pi,(2k+1)\pi), k \in \mathbf{Z}$;
   (5) $(-1,1)$; (6) $\left(\dfrac{n}{2}\pi,\dfrac{n+1}{2}\pi\right), n \in \mathbf{Z}$.

2. (1) $y = \sqrt{x^3-1}$, 定义域 $[1,+\infty)$;
   (2) $y = \arcsin\sqrt{x}$, 定义域 $[0,1]$;
   (3) $y = \lg 2^{\cos x}$, 定义域 $(-\infty,+\infty)$;
   (4) $y = e^{\tan^2 x}$, 定义域 $\{x \mid x \neq k\pi + \dfrac{\pi}{2}, k \in \mathbf{Z}\}$.

3. (1) $y = u^3, u = 1+x$; (2) $y = \ln u, u = \sin x$;
   (3) $y = \arccos u, u = v^{\frac{1}{2}}, v = 1+x$; (4) $y = u^2, u = \sin v, v = 2x-1$.

4. $C(Q) = 300 + 8Q$ (Q 是自然数).

5. $Q = 50$.

6. $L(Q) = -2Q^2 + 98Q - 50$ ($Q \geqslant 0$).

7. $R(Q) = \begin{cases} 300Q, & 0 \leqslant Q \leqslant 500, \\ 280(Q-500) + 150\,000, & Q > 500. \end{cases}$

习题 1-2

1. (1) 4; (2) 1; (3) 0; (4) 不存在; (5) 0; (6) 不存在.
2. (1) 2; (2) 0; (3) 2; (4) 2; (5) 0; (6) 1.
3. $\lim\limits_{x \to 0} f(x) = 1$.
4. 图略; $\lim\limits_{x \to 0^-} f(x) = -1$, $\lim\limits_{x \to 0^+} f(x) = 1$, 故 $\lim\limits_{x \to 0} f(x)$ 不存在.
5. $\lim\limits_{x \to -1} f(x)$ 不存在; $\lim\limits_{x \to 1} f(x) = 1$.

习题 1-3

1. (1) $\dfrac{13}{4}$; (2) $2x$; (3) $\dfrac{2}{3}$; (4) $\sqrt{3}$; (5) $\dfrac{1}{2}$; (6) $\dfrac{1}{4}$.

2. (1) $\dfrac{3}{5}$; (2) 1; (3) 0; (4) 1; (5) $e^{-\frac{3}{4}}$; (6) e^8.

习题 1-4

1. (1) 无穷小; (2) 无穷大; (3) 无穷大; (4) 无穷小.

2. (1) 0；(2) 0；(3) 0；(4) 0；(5) $-\dfrac{1}{3}$；(6) $\dfrac{8}{5}$；(7) $-\dfrac{2}{3}$；(8) 8.

3. (1) $f(x)=1+\dfrac{1}{x^3-1}$；　　　　　(2) $f(x)=-1+\dfrac{2}{1+x^2}$.

4. 略.

5. $a=\dfrac{1}{2}$.

习题 1-5

1. (1) $\Delta y=0.63$；(2) $\Delta y=-1.08$；(3) $\Delta y=6\Delta x+3(\Delta x)^2$.
2. 不连续.
3. ln3.
4. (1) $x=2$（无穷间断点）；(2) $x=-3$（无穷间断点），$x=-2$（可去间断点）；
   (3) $x=1$（跳跃间断点）.
5. (1) 2；(2) $\dfrac{1-e^{-2}}{2}$；(3) $-\dfrac{\sqrt{2}}{2}$；(4) $\sqrt{2}$；(5) 4；(6) 1.

第 2 章　导数与微分

习题 2-1

1. (1) $\dfrac{f(x)-f(3)}{x-3}$；　　　　　(2) $\lim\limits_{x\to 3}\dfrac{f(x)-f(3)}{x-3}$，即 $f'(3)$.

2. (1) $\dfrac{f(a+h)-f(a)}{h}$；　　　　(2) $\lim\limits_{h\to 0}\dfrac{f(a+h)-f(a)}{h}$，即 $f'(a)$.

3. $W'(t)=\lim\limits_{\Delta t\to 0}\dfrac{W(t+\Delta t)-W(t)}{\Delta t}$.

4. (1) 3；(2) $\dfrac{1}{2\sqrt{3}}$.

5. (1) 6；(2) 3.

6. 切线 $y=3x-2$，法线 $y=-\dfrac{1}{3}x+\dfrac{4}{3}$.

7. 切线 $y=7$，法线 $x=2$.

8. 连续不可导.

习题 2-2

1. (1) $10x^4+2x^{-3}$；　　　　　(2) $\dfrac{5}{6}x^{-\frac{1}{6}}$；

(3) $\ln x \cos x + \cos x - x \ln x \sin x$;

(4) $\dfrac{(\cos x - e^x)x - 2(\sin x - e^x)}{x^3}$;

(5) $10(4x^3 + 2x)^9(12x^2 + 2)$;

(6) $\dfrac{2x}{(1-x^2)^2}$;

(7) $2x\sec^2(x^2 + 1)$;

(8) $\dfrac{1}{x^2(2x-1)}(6x^2 - 2x)$;

(9) $e^x \sin(x^2 - 1) + 2xe^x \cos(x^2 - 1)$;

*(10) $-\dfrac{1}{\sqrt{1+x^2}}$.

2. 略.
3. 略.
4. (1) $v\left(\dfrac{1}{4}\right) = \dfrac{5}{16}\text{m/s}$, $v\left(\dfrac{1}{2}\right) = -\dfrac{3}{4}\text{m/s}$; (2) $t = \dfrac{1}{3}\text{s}$.

*5. 2cm/s.

习题 2-3

1. $v(t) = 1 - t^{-2}$; $a(t) = 2t^{-3}$.

2. (1) $2\ln x + 3$; (2) $2\arctan x + \dfrac{2x}{1+x^2}$, 0.

3. (1) $\dfrac{e^y}{1 - xe^y}$; (2) $\dfrac{1 - 2x}{3y^2 + 2y + 1}$.

4. (1) $\dfrac{2y - x^2}{y^2 - 2x}$; (2) 切线方程 $x + y = 6$, 法线方程 $y = x$.

5. (1) $2 - 5t$; (2) $-t\cos t$.

*6. (1) $\dfrac{dy}{dx} = \dfrac{2}{t}$; (2) $\dfrac{d^2 y}{dx^2} = -\dfrac{2(1+t^2)}{t^4}$.

习题 2-4(1)

1. $\Delta x = 1, \Delta y = 19, dy = 12$; $\Delta x = 0.1, \Delta y = 1.261, dy = 1.2$.

2. (1) $-e^{-2x}(2\cos 3x + 3\sin 3x)dx$; (2) $\dfrac{x^2 + 2x - 1}{(x+1)^2}dx$.

3. (1) $3edx$; (2) $3dx$.
4. 略.
5. $6.4\pi \text{m}^3$.
6. 0.0336g.

习题 2-4(2)

1. (1) $f(x) \approx 1 + x$; (2) 1.01.

2. (1) $f(x) \approx 1 - \dfrac{x^2}{2!}$, $R_2(x) = \sin\xi \dfrac{x^3}{3!}$ (ξ 介于 0 与 x 之间); (2) 0.951.

3. 略.
4. 略.
5. 2.4.
6. 2.414.

第 3 章　导数的应用

习题 3-1

1. (1) 在 $(-1, 0.5), (2, 5), (5, +\infty)$ 内单调增加；在 $(0.5, 2)$ 内单调减少；
   (2) 驻点 $x = 0.5, x = 5$；极大值 $f(0.5) = 3$，极小值 $f(2) = 0$.

2. (1) 极大值 $f(-1) = 3$，极小值 $f(3) = -61$；
   (2) 极大值 $f(1) = 2$；
   (3) 极小值 $f(0) = 0$.

3. 在 $(-\infty, 0)$ 和 $(1, +\infty)$ 内单调增加，在 $(0, 1)$ 内单调减少；
   极大值 $f(0) = 0$，极小值 $f(1) = -\dfrac{1}{2}$.

4. $k = \dfrac{1}{3}$；极大值.

习题 3-2

1. 最大值 $f(0) = 2$，最小值 $f(-1) = 0$.
2. $Q = 40$ 时，获最大利润 120.
3. $C(Q) = 50 + 10Q$；$R(Q) = 25Q - \dfrac{1}{2}Q^2$；$Q = 15$ 件时，获最大利润 62.5 万元.
4. $Q = 140$ 台.
5. $Q = 800$ 件.
6. 2 小时

习题 3-3

1. (1) $(-\infty, 0)$ 和 $\left(\dfrac{1}{2}, +\infty\right)$ 为凸区间，$\left(0, \dfrac{1}{2}\right)$ 为凹区间；$(0, 0)$，$\left(\dfrac{1}{2}, \dfrac{1}{16}\right)$ 为拐点；
   (2) $(-\infty, 4)$ 为凹区间，$(4, +\infty)$ 为凸区间；$(4, 2)$ 为拐点.
2. (1) $y = 0$ 为水平渐近线，$x = 0$ 为垂直渐近线；
   (2) $y = 1$ 为水平渐近线，$x = 2$ 为垂直渐近线.
3. 略.

习题 3-4

1. (1) 1；(2) $-\dfrac{3}{5}$；(3) 1；(4) $\dfrac{1}{6}$；(5) $\dfrac{1}{2}$.

2. (1) -1；(2) 0；(3) 0；(4) $\dfrac{1}{2}$；(5) e.

习题 3-5

1. (1) $C'(Q) = -60 + \dfrac{1}{10}Q$； (2) $L(Q) = 260Q - 5\,000 - \dfrac{1}{20}Q^2$；

   (3) $L'(Q) = 260 - \dfrac{1}{10}Q$.

2. (1) $Q'(4) = -8$； (2) $R(4) = 236$；$R'(4) = 27$.

3. (1) $\varepsilon(P) = 2P$； (2) $\varepsilon(2) = 4$.

4. (1) $\eta(P) = \dfrac{P}{24-P}$； (2) $\eta(6) = \dfrac{1}{3}$；

   (3) 总收入增加，$E(6) \approx 0.67$.

5. $Q = 20$ 百台（即 $2\,000$ 台）.

第4章　定积分与不定积分及其应用

习题 4-1

1. (1) 1；(2) $\dfrac{1}{4}\pi a^2$；(3) 0.

2. $s = \displaystyle\int_{t_0}^{T} V(t)\,\mathrm{d}t$.

3. $\displaystyle\int_{1}^{3} x^3\,\mathrm{d}x$.

4. $\displaystyle\int_{0}^{1} x^2\,\mathrm{d}x > \int_{0}^{1} x^3\,\mathrm{d}x$.

习题 4-2

1. (1) $x^3 \cos 3x$； (2) $\mathrm{e}^{x^3} \cos 2x^3 \cdot 3x^2$；

   (3) $2x\cos x^2$； (4) $\dfrac{3x^2}{\sqrt{1+x^{12}}} - \dfrac{2x}{\sqrt{1+x^8}}$；

   (5) $\dfrac{5}{2}$.

2. (1) $\dfrac{16}{3}$；(2) $\dfrac{\pi}{6}$；(3) $2-\sqrt{2}$；(4) 10；(5) $2\ln 3$；(6) $\dfrac{4}{9}-\ln 3$；(7) $\dfrac{80}{3}$；(8) $1-\dfrac{\pi}{2}$；(9) $-\dfrac{1}{3}$.

3. 7m.

习题 4-3

1. (1) $\dfrac{\cos x}{x^2}$； (2) $4e^{2x}$；

   (3) $\dfrac{\ln x}{\cos x}+C$； (4) $\sec x dx$.

2. (1) $\dfrac{4}{9}x^{\frac{9}{2}}-x^5+C$； (2) $\ln|x|-2x+x^3+C$；

   (3) $\left(\dfrac{3}{5}\right)^x \dfrac{1}{\ln 3-\ln 5}-\left(\dfrac{2}{5}\right)^x \dfrac{1}{\ln 2-\ln 5}+C$；

   (4) $-\dfrac{1}{2}e^{3-2x}+C$； (5) $-\dfrac{1}{16}(2x+7)^{-8}+C$；

   (6) $\dfrac{2}{3}(\ln x)^{\frac{3}{2}}+C$； (7) $-\dfrac{1}{4}\cos^4 x+C$；

   (8) $-(\sin x)^{-1}+C$； (9) $\ln(e^x+2)+C$；

   (10) $\sqrt{2x-1}-\ln(\sqrt{2x-1}+1)+C$.

3. (1) $\dfrac{1}{3}\ln 2$； (2) $\dfrac{1}{2}-\arctan 2+\dfrac{\pi}{4}$；

   (3) 2； (4) $\dfrac{4}{3}$.

习题 4-4

1. (1) x^2； (2) x；

   (3) $\ln(x^2+1)$； (4) $\arctan x$.

2. (1) $x\arctan x-\dfrac{1}{2}\ln(1+x^2)+C$； (2) $\dfrac{1}{2}e^x(\sin x-\cos x)+C$；

   (3) $x\ln x-x+C$； (4) $\dfrac{e^2+1}{4}$；

   (5) π； (6) $\dfrac{\pi}{2}-1$.

3. (1) $2\sqrt{3}-2$； (2) $\dfrac{2}{3}$；

   (3) $\dfrac{\pi}{2}$； (4) $\dfrac{4}{3}$.

4. (1) $\dfrac{1}{2}e^2$； (2) 发散；

   (3) 1； (4) $\dfrac{1}{\ln 2}$.

习题 4-5

1. (1) $\dfrac{14}{3}$;   (2) 2;

   (3) $\dfrac{1}{2}$;   (4) $\dfrac{3}{2}-\ln 2$.

2. (1) $\dfrac{\pi^2}{2}$;   (2) 8π.

3. (1) $C(x) = 3\sqrt{x} + 70$;   (2) 12.

4. (1) $C(Q) = 0.2Q^2 - 12Q + 80$;   (2) $L(Q) = 32Q - 0.2Q^2 - 80$, $Q = 80$ 件.

习题 4-6

1. (2).

2. (1) 和 (3) 是方程的特解,(2) 是方程的通解.

3. (1) $2y^2(x^2 + C) = -1$;   (2) $y = C\sqrt{1+x^2}$;

   (3) $y = Ce^{\frac{y}{x}}$.

4. $e^y = \dfrac{1}{2}e^{2x} + \dfrac{1}{2}$.

5. (1) $y = e^{-x^2}\left(\dfrac{1}{2}x^2 + C\right)$;   (2) $y = \left(\dfrac{x^2}{2} + C\right)(x+1)$;

   (3) $y = \dfrac{3x-3}{x}$.

第 5 章 线性代数初步

习题 5-1

1. (1) 143;   (2) ab;   (3) -11.

2. $x = -\dfrac{12}{13}$.

3. $m_1 = -2$ 或 $m_2 = 1$.

4. (1) $x = 1, y = 2, z = -2$;   (2) $x = y = z = 0$.

5. $f(x) = x^2 - 5x + 3$.

习题 5-2(1)

1. (1) $\begin{pmatrix} 5 & -7 & 2 & 7 \\ 4 & 10 & -17 & -12 \\ -12 & 18 & 9 & -13 \end{pmatrix}$;   (2) $\begin{pmatrix} -7 & 5 & 2 & -5 \\ 4 & -6 & 19 & 36 \\ 12 & -14 & -27 & 7 \end{pmatrix}$;

(3) $\begin{pmatrix} -4 & 5 & -1 & -5 \\ -2 & -7 & 13 & 12 \\ 9 & -13 & -9 & 9 \end{pmatrix}$.

2. (1) $\begin{pmatrix} 3 & 2 \\ 5 & 6 \end{pmatrix}$; (2) $\begin{pmatrix} -1 & 0 \\ 0 & -1 \end{pmatrix}$;

(3) $\begin{pmatrix} 5 & 3 \\ 2 & 7 \end{pmatrix}$; (4) $\begin{pmatrix} -19 & -2 & -1 \\ 10 & 12 & 2 \end{pmatrix}$.

3. 略. 4. 略. 5. 略. 6. 略.

习题 5-2(2)

1. (1) $\begin{pmatrix} \frac{2}{3} & -\frac{1}{3} \\ -\frac{1}{3} & \frac{2}{3} \end{pmatrix}$; (2) $\begin{pmatrix} 1 & -4 & -3 \\ 1 & -5 & -3 \\ -1 & 6 & 4 \end{pmatrix}$.

2. (1) $\begin{pmatrix} -11 & 7 \\ 8 & -5 \end{pmatrix}$; (2) $\begin{pmatrix} 22 & -6 & -26 & 17 \\ -17 & 5 & 20 & -13 \\ -1 & 0 & 2 & -1 \\ 4 & -1 & -5 & 3 \end{pmatrix}$.

3. (1) $\begin{pmatrix} -1 \\ -1 \\ 2 \end{pmatrix}$; (2) $\begin{pmatrix} -14 & 9 \\ 11 & -7 \end{pmatrix}$.

4. $x_1 = 1, x_2 = 3, x_3 = 2$.

习题 5-3(1)

1. (1) 3; (2) 2; (3) 3; (4) 4.

2. (1) $k \neq 5$ 时无解, $k = 5$ 时有无穷多组解;

(2) $k \neq 0$ 时无解, $k = 0$ 时有无穷多组解.

习题 5-3(2)

1. (1) $x_1 = 4, x_2 = 3, x_3 = 2$;

(2) 无解;

(3) $x_1 = 2, x_2 = -1, x_3 = 1, x_4 = -3$.

2. (1) $m = 7$ 或 $m = -2$.

$m = 7$ 时, $x_1 = 2x_3 - 2x_2 (x_3, x_2$ 为自由未知量$)$;

$m = -2$ 时, $x_1 = -\frac{1}{2}x_3, x_2 = -x_3 (x_3$ 为自由未知量$)$;

(2) $m = 0$, $x_1 = -x_3, x_2 = -x_3 (x_3$ 为自由未知量$)$.

第6章 概率论基础

习题 6-1(1)

1. (1) $\Omega = \{0,1,2,3\}$；
   (2) $\Omega = \{(正\quad 正)(正\quad 反)(反\quad 反)\}$；
   (3) $\Omega = \{(a_1,a_2),(a_1,b),(a_2,a_1),(a_2,b),(b,a_1),(b,a_2)\}$.

2. (1) ABC；(2) $A\overline{B}\,\overline{C}$；(3) $AB\overline{C}$；(4) $AB\overline{C} \bigcup A\overline{B}C \bigcup \overline{A}BC$；(5) $A \bigcup B \bigcup C$.

3. (1) $6/200$；(2) $\dfrac{C_6^1 C_{194}^2}{C_{200}^3}$；(3) $\dfrac{C_6^1 C_{194}^2}{C_{200}^3} + \dfrac{C_6^2 C_{194}^1}{C_{200}^3} + \dfrac{C_6^3 C_{194}^0}{C_{200}^3}$ 或 $1 - \dfrac{C_6^0 C_{194}^3}{c_{200}^3}$.

4. $P(甲 \bigcup 乙) = P(甲) + P(乙) - P(甲乙) = 0.3 + 0.2 - 0.15 = 0.35$.

5. (1) $P(A \bigcup B) = P(A) + P(B) - P(AB) = 0.5 + 0.6 - 0.3 = 0.8 = 80\%$；
   (2) $P(\overline{AB}) = 1 - P(AB) = 1 - 0.3 = 0.7 = 70\%$；
   (3) $1 - P(A \bigcup B) = 0.2 = 20\%$.

习题 6-1(2)

1. (1) 0.328；(2) 0.679.
2. (1) 0.175；(2) 0.0571.
3. (1) $P(\overline{AB}) = P(\overline{A})P(\overline{B}) = \left(1 - \dfrac{1}{4}\right)\left(1 - \dfrac{1}{3}\right) = \dfrac{1}{2}$；
   (2) $P(A \bigcup B) = 1 - P(\overline{AB}) = \dfrac{1}{2}$.
4. (1) $P_5(4) = C_5^4 (0.8)^4 (0.2) \approx 0.41$；
   (2) $P_5(4) + P_5(5) \approx 0.74$；
   (3) $1 - P_5(5) \approx 0.67$.
5. $C_n^0 \cdot 0.6^0 \cdot 0.4^n \leqslant 0.01, n \geqslant 5.03$, 至少配 6 门炮.

习题 6-2(1)

1. $P(X = k) = (1-p)^{k-1} p$.

2. $k = 0.33, F(x) = \begin{cases} 0, & x < 1, \\ 0.01, & 1 \leqslant x < 2, \\ 0.26, & 2 \leqslant x < 4, \\ 0.59, & 4 \leqslant x < 8, \\ 1, & x \geqslant 8. \end{cases}$

3. (1) 0.0729；(2) 0.0086.
4. (1) 0.1008；(2) 0.0003.

5. (1) 0.371 2；(2) $n = 8$.

习题 6-2(2)

1. (1) $k = 3$；(2) $\dfrac{1}{8}$.
2. 0.4.
3. $e^{-\frac{1}{5}} - e^{-1}, e^{-1}$.
4. (1) 0.990 6，0.135 9，0.046；(2) 0.977 2，0.158 7，0.994.
5. (1) 6.68%；(2) 15.87%.
6. (1) 走第二条路线；(2) 走第一条路线.

习题 6-3

1. $E(X) = E(Y) = 1.2, D(x) = 0.96 > D(Y) = 0.76$，乙技术比甲好.
2. $\dfrac{1}{3}, \dfrac{1}{18}$.
3. $1\min, \dfrac{1}{3}\min$.
4. X 可能取值 $0, 1, \cdots, 9, P\{X \leqslant 8\} = 1 - \left(\dfrac{1}{3}\right)^9$.
5. 1 200，1 225.
6. -0.63 元.
7. 33.64 元.

第 7 章 数理统计初步

习题 7-1

1. $X_1 + X_2$ 是统计量；其余不是.
2. 3.6，2.88.
3. (1) 1.145；(2) 23.209；(3) 2.353；(4) 3.169；(5) 0.162 3；(6) 0.091 2.
4. (1) 21，0.16；(2) 0.451 4.
5. 16.
6. 最小应取 385.
7. (1) 0.158 7；*(2) 0.224 9.

习题 7-2

1. B.
2. (641.07, 642.93).
3. (75, 85).
4. 最保守的估计是 1.48kg；而最乐观的估计是 1.76kg.
5. (165, 175); (9.37, 16.69).
6. (9.229, 10.771); 107 710kg.

习题 7-3

1. 可以认为.
2. 维尼龙纤度有显著变化.
3. 可以确定这批元件合乎要求.
4. 不能.
5. 不能.

习题 7-4

1. $\hat{y} = -31.233 + 1.263x$；相关性显著.
2. 食品支出与家庭收入线性相关性显著；$\hat{y} = 40.18 + 0.54m$.
3. (1) $\hat{y} = 10.28 + 0.304x$；
   (2) 线性相关显著；
   (3) 78.68, (77.55, 79.81).
4. (1) $\hat{y} = -1.4796 + 0.292x$；
   (2) 线性相关显著；
   (3) (4.3756, 4.9284).

图书在版编目(CIP)数据

实用数学练习册(经管类)/张圣勤等编. —上海:复旦大学出版社,2015.7
ISBN 978-7-309-10767-8

Ⅰ.实… Ⅱ.张… Ⅲ.高等数学-高等职业教育-习题集 Ⅳ.O13-44

中国版本图书馆 CIP 数据核字(2014)第 132300 号

实用数学练习册(经管类)
张圣勤 孙福兴 王 星 应惠芬 许燕频 编
责任编辑/梁 玲

复旦大学出版社有限公司出版发行
上海市国权路 579 号 邮编:200433
网址:fupnet@fudanpress.com http://www.fudanpress.com
门市零售:86-21-65642857 团体订购:86-21-65118853
外埠邮购:86-21-65109143
江苏省如皋市印刷有限公司

开本 787×1092 1/16 印张 6.5 字数 150 千
2015 年 7 月第 1 版第 1 次印刷

ISBN 978-7-309-10767-8/O·539
定价:15.00 元

如有印装质量问题,请向复旦大学出版社有限公司发行部调换。
版权所有 侵权必究